果树病虫害诊断与防控原色图谱丛书

猕猴桃病虫害诊断与防控原色图谱

邱 强 罗禄怡 丹 超 杨俊生 王 婷 编著

河南科学技术出版社

·郑州·

图书在版编目（CIP）数据

猕猴桃病虫害诊断与防控原色图谱 / 邱强，等编著. — 郑州：河南科学技术出版社，2021.1
（果树病虫害诊断与防控原色图谱丛书）
ISBN 978-7-5725-0228-6

Ⅰ.①猕… Ⅱ.①邱… Ⅲ.①猕猴桃–病虫害防治–图谱 Ⅳ.①S436.634-64

中国版本图书馆 CIP 数据核字（2020）第 244423 号

出版发行：河南科学技术出版社
　　　　　地址：郑州市郑东新区祥盛街27号　　邮编：450016
　　　　　电话：（0371）65737028　65788613
　　　　　网址：www.hnstp.cn
策划编辑：李义坤
责任编辑：李义坤
责任校对：翟慧丽
封面设计：张　伟
责任印制：朱　飞
印　　刷：河南博雅彩印有限公司
经　　销：全国新华书店
开　　本：850 mm×1168 mm　1/32　印张：3.125　字数：850千字
版　　次：2021年1月第1版　　2021年1月第1次印刷
定　　价：18.00元

如发现印、装质量问题，影响阅读，请与出版社联系。

序言

　　随着我国经济的快速发展和人民生活水平的不断提高，人们对果品的需求量逐年增加，这极大地激发了广大果农生产的积极性，也促使了我国果树种植面积空前扩大，果品产量大幅增加。国家统计局发布的《中国统计年鉴——2018》显示，我国果树种植面积为 11 136 千公顷（约 1.67 亿亩），果品年产量 2 亿多吨，种植面积和产量均居世界第一位。我国果树种类及其品种众多，种植范围较广，各地气候变化与栽培方式、品种结构各不相同，在实际生产中，各类病虫害频繁发生，严重制约了我国果树生产能力提高，同时还降低了果品的内在品质和外在商品属性。

　　果树病虫害防控时效性强，技术要求较高，而广大果农防控水平参差不齐，如果防治不当，很容易错过最佳防治时机，造成严重的经济损失。因此，迫切需要一套通俗易懂、图文并茂的专业图书，来指导果农科学防控病虫害。鉴于此，我们组织了相关专家编写了 "果树病虫害诊断与防控原色图谱" 丛书。

　　本套丛书分《葡萄病虫害诊断与防控原色图谱》《柑橘病虫害诊断与防控原色图谱》《猕猴桃病虫害诊断与防控原色图谱》《枣树病虫害诊断与防控原色图谱》《核桃病虫害诊断与防控原色图谱》5 个分册，共精选 288 种病虫害 800 余幅照片。在图片选择上，突出果园病害发展和虫害不同时期的症状识别特征，同时详细介绍了每种病虫的分布、形态（症状）特征、发生规律及综合防治技术。本套丛书内容丰富、图片清晰、科学实用，适合各级农业技术人员和广大果农阅读。

邱 强

2019 年 8 月

前言

在我国猕猴桃种植区域范围很广，各地气候变化与栽培方式、品种结构差异较大，猕猴桃病虫害发生种类和发生规律各不相同，猕猴桃病虫害时常影响到猕猴桃的产量和质量的提高。科学合理地识别、防治猕猴桃病虫害，已成为猕猴桃高产优质管理的一项重要工作。为帮助广大果农和基层技术人员识别和防治猕猴桃病虫害，作者把近些年在基层技术服务中遇到的猕猴桃病虫害及防控经验作一总结，汇集成册。

本书精选了对猕猴桃产量和品质影响较大的 24 种病害和 13 种害虫，以图文并茂的形式介绍了各种病虫害症状（为害状）、形态特征、识别要点、发生规律及防控技术，在编写中力求做到科学性、先进性、实用性相结合，以便于广大果农和各级技术人员科学开展猕猴桃病虫害的防治。

限于作者经验有限，本书不足之处，敬请广大读者多提宝贵意见。

作者通信邮箱：qiuq88@163.com

邱 强

2019 年 12 月于三门峡

目录

第一部分　猕猴桃病害

一　猕猴桃黑斑病

　　猕猴桃黑斑病是人工栽培中华猕猴桃的一种主要病害，为害叶片、枝蔓和果实，严重影响猕猴桃的生长、结果和果实品质。该病在湖南、湖北、江西等省为害较严重。

猕猴桃黑斑病叶片病斑

猕猴桃黑斑病病果

猕猴桃黑斑病病果溃疡状

【症状】

1.叶片 初期叶片背面形成灰色茸毛状小霉斑，以后病斑扩大，呈灰色、暗灰色或黑色绒霉状，严重者叶背密生数十个至上百个小病斑，后期小病斑融合成大病斑，整叶枯萎、脱落。在病部对应的叶面上出现黄色褪绿斑，以后逐渐变为黄褐色或褐色坏死斑，病斑多呈圆形或不规则形，病健交界不明显，病叶易脱落。

2.枝蔓 初期在枝蔓表皮出现纺锤形或椭圆形，黄褐色或红褐色水渍状病斑，稍凹陷，后扩大并纵向开裂肿大，形成愈伤组织，出现典型的溃疡状病斑，病部表皮或坏死组织上产生黑色小粒点（病原菌有性阶段子实体）或灰色绒霉层。

3.果实 6月上旬果实出现病斑，初期为灰色茸毛状小霉斑，之后扩大成灰色至暗灰色大绒霉斑，随后绒霉层开始脱落，形成0.2~1厘米明显凹陷的近圆形病斑。刮去病部表皮可见病部果肉呈褐色至紫褐色坏死状，病斑下面的果肉组织形成锥状硬块。果实后熟期间病健部果肉最早变软发酸，不能食用，以后整个果实腐烂。从果面出现灰色茸毛状小霉斑到形成霉层时脱落，产生明显凹陷的大病斑需25~40天。

【病原】

病原菌为*Leptosphaeria* sp.，属于囊菌座壳菌目多胞菌科小球腔菌属。其无性阶段为*Pseudocercospora actinidiae* Deighton。此菌主要以无性阶段出现。

【发病规律】

病菌主要以菌丝体和有性子实体在枝蔓病部和病株残体上越冬，通过气流传播，可通过带病苗木远距离传播。在枝蔓病部所形成的子囊孢子和分生孢子是翌年主要初侵染源，每一枝蔓病部都是翌年病害发生的一个发病中心，进而再行侵染。在福建，此病4~11月均有发生，以6月上中旬至7月中下旬为发病高峰期。荫蔽潮湿、缺少修剪、通风透光条件差的果园发病严重。

【防治方法】

1.**严格检疫**　实行苗木检验，防止病害传播。

2.**搞好冬季清园**　清除病株残体和剪除发病枝蔓，集中处理，并用波美度石硫合剂于冬季前后进行封园处理2次。

3.**农业防治**　4~5月初发病期，剪除发病中心枝梢和叶片，防止传染蔓延。

4.**药剂防治**　于5月上旬开始，每隔10~15天防治1次，连续4~5次，用70%甲基硫菌灵可湿性粉剂1 000倍液，或50%胶体硫400倍液，进行喷雾保护。

二　猕猴桃疮痂病

猕猴桃疮痂病又称果实斑点病，是猕猴桃的主要病害之一。该病在贵州、江西等地有发生。

【症状】

本病主要为害果实，多在果肩或朝上果面上发生，病斑为近圆形、红褐色硬痂，表面粗糙，随着果实的长大而开裂，似疮痂状，故名疮痂病。病斑较小，突起呈疱疹状，果实上许多病斑连成一片，表面粗糙。病斑仅为害表皮组织，不深入果肉，因此为害性较小，但会降低商品价值。多在果实生长后期发生。

猕猴桃疮痂病病果

【病原】

病原为 *Septoria* sp.，是壳针孢菌的一种。

【发病规律】

以菌丝体和分生孢子器随病残体遗落土中越冬或越夏，并以分生孢子进行初侵染和再侵染，借雨水溅射而传播蔓延。通常温暖高湿的天气更容易导致发病。

【**防治方法**】

1.**农业防治** 及时收集病残物并深埋。

2.**药剂防治** 结合防治其他叶斑病喷洒75%百菌清可湿性粉剂1 000倍液加70%甲基硫菌灵可湿性粉剂1 000倍液，或75%百菌清可湿性粉剂1 000倍液加70%代森锰锌可湿性粉剂1 000倍液，隔10天左右喷1次，连续2~3次。

三　猕猴桃灰纹病

【症状】

本病为害叶片，病斑多从叶片中部或叶缘开始发生，圆形或近圆形，病健交界不明显，灰褐色，具轮纹，上生灰色霉状物，病斑较大，常为1~3厘米，春季发生较普遍。一般初期病斑呈水渍状褪绿斑，随着病情的发展，病斑逐渐沿叶缘迅速纵深扩大，侵染局部或大部叶面。叶面的病斑受叶脉

猕猴桃灰纹病病叶

限制，呈不规则状。病斑穿透叶片，叶背病斑呈黑褐色，叶面暗褐色至灰褐色，发生较严重的叶片上会产生轮纹状灰斑。发生后期，在叶面病部散生许多小黑点，即病原分生孢子器。轮纹状病斑上的分生孢子器呈环纹排列。此病造成叶片干枯、早落，影响正常产量。

【病原】

病原为*Cladosporium oxysporum* Berk & Curt.，为尖孢枝孢菌。

【发病规律】

病菌以菌丝在病残组织内越冬。翌年3~4月产生分生孢子，

依靠风雨传播，飞溅于叶面上，分生孢子在露滴中萌发，从气孔侵入为害，进而又产生分生孢子进行再侵染，直至越冬。

【防治方法】

及时清除病叶，减少初侵染源，生长期喷洒80%代森锰锌可湿性粉剂800倍液。

四　狝猴桃立枯病

狝猴桃立枯病主要为害苗木，我国南北方都有发生，局部为害比较严重。

狝猴桃立枯病发病状　　　　　狝猴桃立枯病为害叶片：腐烂产生白色菌核

【症状】

本病为害苗木茎基部及叶片，多从叶缘开始发病，病斑呈半圆形或不规则形，水渍状，淡褐色，严重时整叶腐烂或干枯，病部产生大量白色菌丝，并形成近圆形白色菌核，后期变褐色或黑褐色。

【病原】

病原为*Rhizoctinia solani* Kohn.，属半知菌丝核菌属真菌，菌丝呈近直角分枝，分隔处缢缩，直径12~14微米。

【防治方法】

1.坚持预防为主 防重于治，在育苗过程中，要注意从选地、整地、施肥、土壤消毒、选种、种子处理、播种技术等方面，创造适于苗木生长、不利于病原滋生的条件，增强幼苗的抗病力。

2.加强苗圃管理 要选择排水方便、疏松肥沃的土壤，忌用沙地、地下水位高且排水不良的黏重土壤。注意提高地温，低洼积水地及时排水，防止高温高湿情况出现。在避免幼苗遭受晚霜为害的前提下，尽量提前播种。

3.育苗 育苗时用种子重量0.1%~0.2%的40%拌种双拌种。

4.药物防治 发病初期喷淋20%甲基立枯磷乳油1 200倍液，或36%甲基硫菌灵悬浮剂500倍液，或5%井冈霉素水剂1 500倍液，或15%恶霉灵水剂450倍液。

五　猕猴桃褐斑病

　　褐斑病是猕猴桃生长期最严重的叶部病害之一，全国人工栽培区几乎都有发生。由于此病的严重危害，叶片大量枯死或提早脱落，影响果实产量和品质。

猕猴桃褐斑病初期病斑

猕猴桃褐斑病叶片（1）

猕猴桃褐斑病叶片（2）

猕猴桃尾孢霉褐斑病病叶

【症状】

发病部位多从叶缘开始，初期在叶边缘出现水渍状污绿色小斑，后病斑沿叶缘或向内扩展，形成不规则大褐色斑。在多雨高湿条件下，病情发展迅速，病部由褐变黑，引起霉烂。在正常气候条件下，病斑外沿深褐色，中部浅褐色至褐色，其上散生或密生出许多黑色点粒，即病原分生孢子器。高温下被害叶片向叶面卷曲或破裂，甚至干枯脱落。叶面也会产生病斑，但一般较小，为3~15毫米。叶背病斑黄棕褐色。

【病原】

无性世代为叶点霉菌*Phyllosticta* sp.，属球壳孢目球壳孢科叶点霉属。有性世代为小球腔菌*Mycosphaerella* sp.，属座囊菌目座囊菌科小球壳菌属。

【发病规律】

病菌可以同时以分生孢子器、菌丝体和子囊壳在寄主病残落叶上越冬，翌年春季猕猴桃树萌发新叶后，产生分生孢子和子囊孢子，随风雨飞溅到嫩叶上萌发菌丝进行初侵染，继而行重复侵染。在贵州，5~6月正处雨季，气温在20~24℃，传染迅速，病叶率高达35%~57%；7~8月气温高达25~28℃，病叶大量枯卷，感病树体成片枯黄，落叶满地。10月下旬至11月底，树体渐落叶完毕，病菌在落叶上越冬。

【防治方法】

1.**彻底清园**　冬季将修剪下的枝条和落叶全部清扫干净，结合施肥埋于肥坑中。此项工作结束后，将果园表土翻埋10厘米，既疏松了土壤又达到清除病源的目的。最后在埋土上喷5~6波美度石硫合剂。

2.**药剂防治**　发病初期，用80%代森锰锌、50%甲基硫菌灵或多菌灵等可湿性粉剂800倍液进行树冠喷雾，半个月1次，连喷3~4次，以控制病情发展。7~8月，用等量式波尔多液喷雾，以减轻叶片的受害程度。

3.科学建园 建新猕猴桃园时，除了重视品种丰产性和品质外，还应特别重视其对褐斑病和灰斑病两大病害的抗性。各地气候条件不同，或许上述两病的发生为害不尽一致，在此之前，应引种观察，筛选出适宜本地推广的品种。在贵州，"贵长"等品种的抗病性比较强，可供选择参考。

六　狝猴桃褐腐病

　　狝猴桃褐腐病是枝蔓上和果实后熟与贮运期常见的一种病害，国内外都有报道。根据湖南农业大学的调查，枝蔓枯死率为20%左右。在贵州，一些年份烂果率高达15%~25%，造成较大的损失。

狝猴桃褐腐病病果　　　　　　　　　　狝猴桃褐腐病果面病斑

【症状】

　　枝干受害多发生在衰弱纤瘦的枝蔓上。初期病斑为水渍状，呈浅紫褐色，后转为深褐色。病斑在湿度大时迅速绕茎扩展，侵染达木质部，导致皮层组织大块坏死，枝蔓也随之萎蔫，干枯死亡。后期在病斑上产生密麻的黑色小点粒，即病原的子座和子囊腔。果实被害主要在收获贮运期，此前果皮外表看不出病症，只有在后熟过程中才表现出症状。初期，受害果上的病斑为浅褐色，周围黄绿色，最外缘较远距离处具一浓绿色晕环。中后期病斑渐凹陷，近圆形至椭圆形，大小为（3.1~3.5）毫米×（4.6~6.5）毫米，褐色，酒窝状，表面不破裂，在凹陷层下的果肉淡黄色，较干，部分病斑发展成为腐烂斑。腐烂斑也可表现为软腐，果皮松弛，凹斑渐转成平覆；病部经空气干燥而龟裂，呈拇指状纹，表皮易与下层果肉分离。两种症状的病部均呈圆锥形深入果肉内部，最后使果肉组织变成海绵状并发出酸臭味。

【病原】

病原为葡萄座腔菌 *Botryosphaeria dothidea*（Moug.et Fr.）Ces.et de Not.，属子囊菌门座囊菌目葡萄座腔菌科葡萄座腔菌属。

【发病规律】

病菌以菌丝或子囊壳在猕猴桃树枝蔓病组织中越冬。春季气温升高，雨后子囊腔吸水膨大或破裂，释放出子囊孢子并借风雨飞溅传播。病原从花或幼果侵入，在果实内潜伏侵染，直到果实后熟期才表现出症状。枝蔓受害多从伤口或皮孔侵入。温度和湿度是影响猕猴桃褐腐病发生的决定因素，病菌生长适温为24℃，低于10℃不能生长发育。子囊孢子的释放需靠雨水，在降水后1小时内开始释放，至降水后2小时可达高峰。在贮运期，贮藏温度20~25℃时发病果率可高达70%，15℃时为41%，10℃时为19%。冬季受冻，排水不良，挂果多、树势弱、枝蔓细小、肥料供应不足的果园发病较重，枝干死亡多。

【防治方法】

1.**加强肥水管理** 促进植株营养生长，增强其抗病性。

2.**清洁果园** 冬季修剪、清园、施肥等各项工作要循序保质完成，特别要注意将病枝和落地病果清除干净，以减少翌年初侵染病原。

　　3.药剂防治　　花期至幼果膨大期，可用50%甲基硫菌灵可湿性粉剂，或50%多菌灵可湿性粉剂，或70%代森锰锌可湿性粉剂，或50%代森锌可湿性粉剂800倍液喷雾，共喷2~3次，防治效果较理想。

七　猕猴桃灰斑病

灰斑病与褐斑病同属猕猴桃果园两大叶部病害，发生面广、为害重，全国猕猴桃产区几乎都见其为害。在贵州的一些果园，远看一片灰白，树上难有几片健叶。由于病原种类不同，某些叶片上还会产生轮纹状病斑，故又称为轮斑病。

猕猴桃灰斑病病斑　　　　　　　　　　　　　　猕猴桃灰斑病病叶

【症状】

此病主要为害猕猴桃树叶片，病斑常见类型为灰斑。发病初期，在叶缘或叶面出现水渍状褪绿的污褐斑，继而病斑逐渐扩大，沿叶缘迅速纵深发展，侵染局部或大半部叶面；发生在非叶缘的病斑，受叶脉的限制，明显比叶缘的病斑小，但比褐斑病的病斑大，直径为5~20毫米。病斑透过叶的两面，叶背病斑黑褐色，叶面病斑暗褐色至灰褐色，后期在病部散生或密生出许多小黑点，即病原的分生孢子器。在一些病叶上，黑粒状分生孢子器在病部排列成环状轮纹。

【病原】

该病由两种盘多毛孢菌*Pestalotia* spp.侵染所致，病原属黑盘孢目黑盘孢科盘多毛孢属。

1.烟色盘多毛孢菌*Pestalotia adusta*（Ell.et Ev.）Stey　可以侵染枇杷、李、玫瑰等多种植物，由于寄主不同，从病组织上分离到的分生孢子大小也有一定的差异。从猕猴桃树上分离的烟色盘多毛孢菌，分生孢子盘散生，黑色，前期埋在叶组织中，后期突破寄主表皮外露。由此菌侵染引起的病斑为灰斑、无轮纹，与枇杷上的同种菌进行交叉接种都可成功。

2.轮斑盘多毛孢菌*Pestalotia* sp.　由此菌侵染引起的病斑多具轮纹，湖南等地发生较普遍。

【发病规律】

病菌在病叶组织中以分生孢子盘、菌丝体和分生孢子越冬，落地病残叶片是主要初侵染源。翌年春季，气温上升，产生的分生孢子借风雨传播，在猕猴桃树春梢叶片上萌发，进行初侵染，然后以此产生新的孢子行再侵染。在湖南和贵州等地，5~6月为果园传染盛期；8~9月高温干旱，是为害盛期。受褐斑病为害的叶片，抗病性减弱，本病原常进行多次侵染，故在果园中的同一叶上，往往出现两种病症。

【防治方法】

可与猕猴桃褐斑病同时防治。

八　狝猴桃灰霉病

　　狝猴桃灰霉病主要发生在狝猴桃花期、幼果期和贮藏期，各地均有发生。

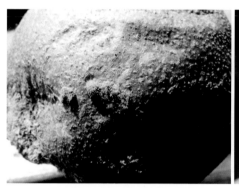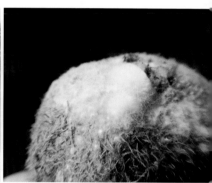

狝猴桃灰霉病病果（1）　　　　　　　狝猴桃灰霉病病果（2）

【症状】

　　幼果（5月底至6月初）发病时，残存的雄蕊和花瓣上密生灰色孢子；初发生时，幼果茸毛变褐，果皮受侵染，严重时可造成落果。带菌的雄蕊、花瓣附着于叶片上，并以此为中心形成轮纹状病斑，随病斑扩大，叶片可脱落。如遇降水，该病发生较重。果实受害后，表面形成灰褐色菌丝和孢子，后形成黑色菌核。贮藏期健康果实易被病果感染。

【发生规律】

　　病菌以菌核和分生孢子在果、叶、花等病残组织中越冬。若于翌年初花至末花期遇降水或高湿条件，病菌侵染花器引起花腐，带菌的花瓣落在叶片上引起叶斑，残留在幼果梗的带菌花瓣从果梗伤口处侵入果肉，引起果实腐烂。病原菌的生长发育温度为0~30℃，最适温度为20℃左右。与果实软腐病相比，在20℃以下，灰霉病原菌生长旺盛。因此，灰霉病在低温时发生较多，病原菌在空气湿度大的条件下易形成孢子，随风雨传播。

　　幼果期发病受气象条件和果园环境的影响较大。如西安地区部分果园用木桩做的T形架或果园周围堆积的玉米秸秆，都是病原菌越冬、越夏的主要场所。降水量偏多的年份，灰霉病普遍发生且较严重。

【防治方法】

　　1.农业防治　实行垄上栽培，注意果园排水，避免密植。保持良好的通风透光及适宜的湿度条件是果园管理最基本的要求。秋冬季节注意清除园内及周围各类植物残体、农作物秸秆，尽量避免用木桩作架。要防止枝梢徒长，对过旺的枝蔓进行夏剪，增加通风透光，降低园内湿度。树冠密度以阳光投射到地面并呈筛孔状为佳。

　　2.化学防治

　　（1）采前防治。花前开始喷杀菌剂，如50%腐霉利可湿性粉剂1 500倍液，或80%代森锰锌可湿性粉剂1 000倍液，或50%乙烯菌核利可湿性粉剂1 000倍液，或50%异菌脲可湿性粉剂1 500倍液等。每隔7天喷1次，连喷2~3次。夏剪后，喷保护性杀菌剂或生物制剂。

　　（2）采后防治。采前一周喷1次杀菌剂。采果时应避免和减少果实受伤，避免阴雨天和露水未干时采果。去除病果，防止二次侵染。入库后，适当延长预冷时间。努力降低果实湿度后，再进行包装贮藏。

九　猕猴桃疫霉根腐病

该病在我国南北方地区都有发生，部分地区为害严重。

【症状】

主要出现在果树旺长期挂果季节，如遇时雨时晴或雨后连日高温天气，植株会突然萎蔫枯死。多从根尖开始发病，然后向上发展，地上植株生长衰弱，萌芽迟，叶片小，渐转为半蔫半活状态，也有始发于根颈和主根的，被害部位呈环状褐色湿腐，病处长出絮状白色霉状物，此时植株在短期内便可转成青枯，病情发展极为迅速。

猕猴桃疫霉根腐病病根

猕猴桃疫霉根腐病病株

【病原】

病原菌为疫霉菌*Phytophthora* spp.。

【发病规律】

病原菌以卵孢子在病残组织中越冬，翌年春季卵孢子萌发产生游动孢子囊，再释放出游动孢子借土壤和水流传播，经根系伤口侵入，1年中可进行多次重复侵染。排水不良的果园，盛夏发病严重。

【防治方法】

1.**科学建园**　初建猕猴桃园时，一定要选利于排灌、透气性好的土地。建园后一定要挖深沟排水，只有减少土壤积水，病害才不会严重发生。

2.**药剂防治**　幼苗定植时，应同时施少量50%敌克松可湿性粉剂，每株15克药量兑水1千克浇根，作定根水，每个月1次，确保根系健康生长。盛果期是病害频发阶段，如发现有少数植株受害，应及时挖除或掏土晒根，并按每株10千克水加50%敌克松粉剂50克泼浇。

3.**农业防治**　施肥时应多施有机肥，以改造土壤结构。施用化肥应提高磷、钾肥的用量并适当配施锌、硫、硼等微量元素肥料。

十 猕猴桃白纹羽病

猕猴桃白纹羽病在我国分布广泛，病菌还为害苹果、梨、桃、李、柿、枣、板栗、葡萄等多种果木，寄主计有26科超过40种植物。果树染病后，树势逐渐衰弱，以至枯死。该病早期发现容易防治。

【症状】

根系被害，开始时细根霉烂，以后扩展到侧根和主根。病根表面缠绕有白色或灰白色的丝网状物，即根状菌索。后期霉烂根的柔软组织全部消失，外部的栓皮层如鞘状套于木质部外面。有时在病根木质部结生黑色圆形的菌核。地上部近上面根际出现灰白色或灰褐色的薄绒布状物，此为菌丝膜，有时并合形成小黑点，即病菌的子囊壳。这时，植株地上部分逐渐衰弱死亡。

猕猴桃白纹羽病病根

猕猴桃白纹羽病病株枯死

【病原】

病原菌为褐座坚壳菌*Rosellinia necatrix*（Hart.）Berl.，属于子囊菌核菌纲球壳目。无性时期为褐束生孢*Dematophora necatrix*，属半知菌类。老熟菌丝分节的一端膨大，之后分离，形成圆形的厚垣孢子。无性时期形成孢梗束及分生孢子，往往在寄主全腐朽后才产生。

【发病规律】

病菌以菌丝体、根状菌索或菌核随着病根遗留在土壤中越冬。环境条件适宜时，菌核或根状菌索长出营养菌丝，首先侵害果树新根的柔软组织，被害细根软化腐朽以至消失，后逐渐延及粗大的根。此外，病健根相互接触也可传病。远距离传病，则通过带病苗木的转移。由于病菌能侵害多种树木，由旧林地改建的果园或苗圃地改建的果园常发病严重。

【防治方法】

1.选栽无病苗木 起苗和调运时应严格检验，剔除病苗，建园时选栽无病壮苗。如认为苗木染病时，可用10%硫酸铜溶液，或20%石灰水溶液，或70%甲基硫菌灵500倍液浸渍1小时后再栽植。

2.挖沟隔离 在病株或病区外围挖1米以上的深沟进行封锁，防止病害向四周蔓延。

3.病树治疗及清除病株 对地上部分表现生长不良的果树，秋季应扒土晾根，刮除病部并涂药。对病株周围土壤，用70%甲基硫菌灵或50%多菌灵500倍液灌根。病重树应尽早挖除，收集病残根并销毁。

4.加强果园管理 注意排除积水；应合理施肥，氮、磷、钾肥要按适当比例施用，尤其应注意不偏施氮肥，应适当增施钾肥；合理修剪，以加强对其他病虫害的防治等。

5.苗圃轮作 重病苗圃应休闲或用禾本科作物轮作，5~6年后才能继续育苗。

十一　猕猴桃菌核病

　　猕猴桃菌核病是多雨地区果园常见病害之一。病原寄主范围极广，国内报道的寄主达70多种，包括油菜、莴苣、番茄、茄子、辣椒和马铃薯等作物。

【症状】

　　本病主要为害花和果实。雄花受害初期呈水渍状，后变软，并成簇衰败而变成褐色团块。雌花被害后花蕾变褐色，枯萎不能绽开。在多雨条件下，病部长出白色霉状物。果实受害，初期出现水渍状白化块斑，病斑凹陷，渐转至软腐。病果不耐贮运，易腐烂。大田发病严重的果实，一般情况下均先后脱落，少数果由于果肉腐烂，果皮破裂，腐汁溢出而僵缩。后期，在罹病果皮的表面，产生不规则黑色菌核粒。

猕猴桃菌核病病果

【病原】

病原为核盘菌核菌*Sclerotinia sclerotiorum*（Lib.）de Bary，属子囊菌门柔膜菌目核盘菌科核盘菌属。病菌不产生分生孢子，由菌丝集缩成菌核。菌核黑褐色，形状不规则，粗糙，直径为1~5毫米，抗逆性强，耐低温和干燥，能在土壤中存活数百天。

【发病规律】

病菌以菌核或孢子在病残体上、土表越冬，翌年春季猕猴桃树始花期萌发，产生子囊盘并放射出子囊孢子，借风雨传播，为害花器。土表少数未萌发的菌核，可以在此后的不同时期萌发，侵染果园生长后期的果实，引起果腐。当温度为20~24℃，相对湿度85%~90%时，发病迅速。

【防治方法】

1.**农业防治**　冬季清园施肥后，翻埋表土至10~15厘米深处，能极大地减少初侵染病原数量。

2.**药剂防治**　用50%乙烯菌核利或异菌脲可湿性粉剂1 500~2 000倍液喷雾，在落花期和收获前各喷1次，防效良好。如花期被害严重，可在蕾期增喷1次。此外，用50%腐霉利可湿性粉剂或40%菌核净可湿性粉剂1 000~1 500倍液喷雾，效果也较好。

十二　猕猴桃膏药病

　　猕猴桃膏药病是一种为害枝干的病害，病菌为害影响植株局部组织的生长发育，渐使树势衰弱，严重发生时受害枝干变得纤细乃至枯死。常见的有白色膏药病和褐色膏药病两种，除为害猕猴桃外，还侵害桃、梨、李、杏、梅、柿、茶、桑等多种经济林木。

【症状】

　　此病主要发生在老枝干上，湿度大时叶片也受害。被害处如贴着一张膏药，故此得名。由于病菌不同，症状各异。

　　1.枝干症状　该病先附生一层圆形至不规则形的病菌，子实体平滑，初呈白色，扩展后期仍为白色或灰白色。褐色膏药病病菌的子实体较前者隆起而厚，表面呈丝绒状、栗褐色，周缘有狭窄的白色带，常略翘起。两种病菌的子实体衰老时均发生龟裂，易剥离。

猕猴桃膏药病病树干

2.叶上症状　常自叶柄或叶基处开始生白色菌毡，渐扩展到叶面大部。褐色膏药病极少见为害叶片。白色膏药病在叶上的形态色泽与枝干上相同。

【病原】

1.白色膏药病病原　为隔担耳属的柑橘白隔担耳菌 *Septobasidium citricolum* Saw.，子实体乳白色，表面光滑。在菌丝柱与子实层间有一层疏散而带褐色的菌丝层。

2.褐色膏药病病原　为力卷担菌属的一种真菌 *Helicobasidum* sp.，担子直接从菌丝长出，棒状或弯曲成钩状，由3~5个细胞组成。每个细胞长出1条小梗，每小梗着生1个担孢子。担孢子无色，单胞，近镰刀形。

【发病规律】

病菌以菌丝体在患病枝干上越冬，翌年春夏温湿度适宜时，菌丝生长，形成子实层，产生担孢子，借气流或昆虫传播为害。过分荫蔽潮湿和管理粗放、介壳虫发生多的果园，膏药病发生较重。

【防治方法】

1.加强管理　合理修剪密闭枝梢以增加通风透光性。与此同时，清除带病枝梢。

2.防治介壳虫　方法参见本书有关介壳虫的化学防治部分。

3.药剂防治　根据贵州黔南的经验，5~6月和9~10月为膏药病盛发期，用煤油作载体以400倍液的商品石硫合剂晶体喷雾枝干病部；或在冬季用现熬制的5~6波美度石硫合剂刷涂病斑，效果好，不久即可使膏药层干裂脱落，此方法对树体无伤害。

十三　猕猴桃霉污病

　　猕猴桃霉污病又称猕猴桃煤污病，因在叶、果上形成一层看似煤灰的黑色霉层而得名。猕猴桃产区都有发生，植株受害后，光合作用受到影响，幼果易腐烂，成果品质下降。

【症状】

　　霉污病为害的叶片、枝梢和果实，在其表面形成绒状的黑色或暗褐色霉层。煤炱属引起的霉层为黑色薄纸状，易撕下或在干燥天气中可自然脱落；刺盾炱属的霉层似黑灰，多发生于叶面，用手擦之即成片脱落。

　　霉污病发生严重的果园，远看如烟囱下的树，被盖上一层煤烟，光合作用严重受阻。病菌大量繁殖为害，造成树势衰退，叶片卷缩脱落，花少果小，对产量影响较大。成熟果着色不好，品质差，商品价低。

猕猴桃霉污病

【病原】

霉污病病原菌有多种，除小煤炱属产生吸胞为纯寄生外，其他各属均为表面附生菌。病菌形态各异，菌丝体均为暗褐色，在寄主表面形成有性或无性繁殖体。

【发病规律】

病菌以菌丝体、闭囊壳及分生孢子器等在病部越冬，翌年繁殖出孢子，孢子借风雨飞散落于蚧类、蚜虫等害虫的分泌物上，以此为营养进行生长繁殖，辗转为害，引起发病。

【防治方法】

1.**防治刺吸害虫**　加强防治介壳虫等刺吸式口器的昆虫。

2.**药剂防治**　用0.3%~0.5%石灰过量式波尔多液喷雾。200倍高脂膜液或95%机油乳剂加800倍50%多菌灵粉剂喷树冠，连喷2次，间隔10天，霉污病原物成片脱落。

3.**加强果园管理**　特别要搞好修剪，以利通风透光、增强树势，减少发病因素。

十四　猕猴桃秃斑病

　　猕猴桃秃斑病是猕猴桃上的一种新病害，目前发病率低，为害较轻。

【症状】

　　仅见为害果实，且多发生在7月中旬至8月中旬大果期，一般发病部位为果实的腰部。发病初期，果毛由褐色渐变为污褐色，最后呈黑色。病斑在果皮外表不断发展，由褐色渐变为黑褐色至灰褐色，最后连同表皮细胞和果毛一起脱落，形成秃斑。秃斑表面如系外果肉表层细胞愈合形成，比较粗糙，常伴有龟裂缝，如为果皮表层细胞脱落后留下的内果皮，则秃斑面光滑；后期在秃面上疏生出黑色的粒状小点，即病原分生孢子盘。病果不脱落且不易腐烂。

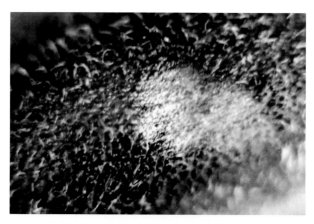

猕猴桃秃斑病病果病斑

【病原】

病原为枯斑拟盘多毛孢菌*Pestalotiopsis funerea* Desm.，属半知菌类真菌。分生孢子盘散生，黑色，初埋生，后突露。

【发病规律】

不详。可能是侵染其他寄主后，随风雨传播分生孢子侵染所致。在猕猴桃树叶上分离的各种病斑，均未镜检到此类分生孢子。

【防治方法】

由于病果率极低，基本不造成经济损失，可免于防治。

十五　猕猴桃溃疡病

溃疡病是猕猴桃生产中的一种毁灭性细菌病害。寄主除猕猴桃外，还有扁桃、杏、欧洲甜樱桃、李、樱桃李、无瓣樱、洋李、布拉斯李、桃、榆叶梅等果树。

猕猴桃溃疡病病叶

猕猴桃溃疡病嫩梢病斑

【症状】

病菌可侵害猕猴桃树的不同部位，引起不同的或部分相似的症状。

1.花　蕾期受害，花蕾大多枯萎不能绽开，少数开放的花也不能正常结果。花期受害与花腐病相似，花瓣变褐坏死，但花萼健壮或形成坏死斑。

2.叶 一般情况下4月始见症状，在新叶正面散生污褐色不规则或多角形小斑点，后扩大为2~3毫米的深褐色角斑，病斑四周具2~5毫米宽的黄色晕圈。随叶片的生长老化，晕圈渐变窄和隐现，或愈合形成大的没有晕圈的病斑。叶背病斑后期与叶面一致，但颜色较深暗，渗出白色粥样细菌分泌物，在干燥气候下，渗出物失水、呈鳞状。受害叶片易脱落。

3.枝干 冬季症状不易发觉，如细心观察，可见树干和主枝上常有白色小粒状菌露渗出。冬季过后渗出物数量增多、黏性增强，颜色转为赤褐色，分泌物渗出处的树皮失色，变为黑褐色。2月下旬至3月上旬，植株伤流至萌芽期，在幼芽、分枝和剪痕处，常出现许多赤锈褐色的小液点，这些部位的皮层组织湿润、呈赤褐色。剥开树皮，可见到褐色的坏死导管组织及其邻近的变色区。皮层被侵染后皱缩甚至干枯。病枝上常形成1~2毫米宽的裂缝，周围形成愈伤组织。严重发病时主枝死亡，不发芽或不抽新梢，近根的树干健部抽出大量徒长枝。

4.藤蔓 春季旺长的藤蔓感病后呈深绿色至墨绿色水渍状，上面易出现1~3毫米长的纵裂缝。在潮湿条件下，从裂缝及邻近病斑的皮孔处分泌出大量细菌渗出物，病斑扩大后全部嫩枝枯萎。晚春发病的藤蔓，病斑周围形成愈伤组织，表现为典型的溃疡症状。

【病原】

为细菌性病害，病原是由丁香假单胞杆菌猕猴桃致病变种 *Pseudomonas syringae* pv. *actinidiae* Takikawaetal.，异名为 *Pseudomonas syringae* pv. *morsprunorum*（Wormald）Young et al.引起的，属假单胞菌科假单胞菌属。菌体短杆状，两端钝圆，单生，大小为（1.57~2.06）微米×（0.37~0.45）微米，极生鞭毛，多为1根，无芽孢和荚膜。

【发病规律】

病原主要在枝蔓病组织内越冬，春季从病部溢出，借风雨、昆虫或农事作业工具等传播，猕猴桃溃疡病菌致病力较弱。因此，其发生必须要有伤口的出现，如冻伤、雹伤、擦伤、剪口伤、裂皮等，溃疡病病菌才能从伤口侵入，也可从植株水孔、气孔和皮孔处侵入。病菌侵入细胞组织后，经一段时间的潜育繁殖，破坏输导或叶肉组织，继而溢出菌脓进行再侵染。致病试验表明，4月和5月有伤和无伤接种实生幼苗，5~6天可出现类似果园内的叶斑症状；有伤接种的茎能产生菌脓和出现1~2毫米的轻度纵裂缝。剥开接种茎的树皮，可见维管束组织变为褐色；休眠期接种，植株萌芽后出现症状，产生白色至赤褐色菌脓，并形成与自然侵染相同的溃疡斑；接种猕猴桃果实，不感病，在刺伤处只轻微变褐，不形成扩展的病斑；成熟前的叶片最易感病，嫩叶和老叶感病较轻。

本病病菌是一种低温高湿性侵染菌，春季均温达10~14℃，如遇大风雨或连日高温阴雨天气，病害就容易流行。地势高的果园风大，植株枝叶摩擦导致伤口增多，易导致细菌传播与侵入。野生猕猴桃品种抗病强，人工栽培品种抗性差。在整个生育期中，以春季伤流期发病最重，此前病害已有扩展，只是后来转重。伤流期中止后病情随之减轻，至谢花期，气温升高，病害停止流行。在陕西关中每年秋季的9~11月采果前后和叶落前是溃疡病的初侵染期。如果是暖冬，在12月病症就有表现；多数在翌春有症状表现，为害症状集中和明显表现期在萌芽期，进入4月中旬随着温度回升至20℃左右时，为害趋于停止。通过多年的实践观察，如果冬季温度过低，翌春发病就较严重。

提早挂果、超量负载、滥施化肥、大水漫灌等，易使果树对本病抗病性减弱。冻伤、雹伤、擦伤、剪口伤、裂皮等伤口，以及非正常落叶的芽眼，都易被侵染。偏施氮肥的情况下，夏梢及秋梢难以在落叶前木质化，会普遍发生冻害；偏施氮肥和高浓度复合肥，会使土壤中有机质过量消耗、土壤团粒结构遭到严重破坏，土壤盐渍化甚至土壤板结，导致本病易于发生。

【防治方法】

1.选栽抗病品种　贵丰、贵长、贵露等品种不易感病，偶被侵染也不易流行为害。

2.清洁果园　采果后结合冬季修剪，去除病枝、病蔓，连同地面落叶彻底清扫并集中深埋，以减少越冬菌源。

3.药剂防治　对发现溃疡病的田块，及时淋洗式喷雾一次杀菌剂。一般细菌类病害对铜制剂最敏感，本病病原菌为细菌，所以含铜离子的药剂为本病的首选药剂，如硫酸铜、波尔多液、噻菌铜、络氨铜、王铜、氧氯化铜、氢氧化铜、松脂酸铜、绿乳铜等都是很好的杀细菌药剂；抗生素是另一类防治细菌病害的药剂，如梧宁霉素、多抗霉素、中生菌素、噻霉酮等。喷雾要细致，提倡统防统治。

在应用无机铜制剂时要注意不可与其他药剂混用，也不能在阴天和湿度大时施药，以防药害。药剂防治要在秋季进行，用铜制剂应全园喷施形成封闭系统，才能有效控制侵染，减轻为害。其他防治真菌病害的药剂如托布津、多菌灵、代森锌等，对此病的防治效果都很差。

4.严格检疫　禁止从病区引种苗木或剪取接穗。对外来繁殖材料，要消毒后再用。

5.增强抗病性　推迟挂果（初果）年限，应在第4年始果，杜绝第2年见果，第3年见效。限产提质，亩产量控制在2 000千克左右。增施有机肥，每年每亩不低于4千克且不高于6千克，提倡有机肥、生物菌肥和化肥综合施用。尽量减少大水漫灌，以沟灌和渗灌最好。对于溃疡病多发区，坚决杜绝冬季灌溉。大力提倡果园生草（毛苕子），逐年改变传统落后的果园清耕制，还土壤以原始的生态系统。另外，要注意在冬季适宜的修剪期内提前冬剪。在采摘后、叶落后、冬剪后注意"封三口"（果柄口、叶柄口和剪口），封口即及时喷施药剂。在冬春季要勤于检查树况，特别是冷冬，一旦发现病枝立即剪除埋深，若在主枝或主干上发现病斑要先刮除病皮，再行涂药。

十六　狝猴桃细菌性软腐病

　　该病是狝猴桃生长中后期和贮藏期时有发生的一种病害。一旦采摘或运输不当，造成机械损伤，很容易引发该病。

【症状】

　　发病初期，病、健果外观无区别，后被害果实逐渐变软，果皮局部由橄榄绿变褐，继而向四周扩展，导致半个果乃至全果呈褐色。用手捏压，即感果肉呈糊浆状。剖果检查，轻者病部果肉黄绿色至浅绿褐色，健部果肉淡绿色；发病重的果实皮、肉分离，除果柱外，果肉被细菌分解而呈稀糊状，果汁浅黄褐色，具酸菜腐臭味。取汁显微镜检，发现大量病原细菌。

狝猴桃软腐病病果呈淡黄色腐烂

狝猴桃细菌性软腐病病果剖面

【病原】

病原为欧文菌（*Erwinia* sp.），属杆状菌科欧文菌属。菌体短杆状，周生2~8根鞭毛，大小为（1.2~2.8）微米×（0.6~1.1）微米，在细菌培养基上呈短链状连接。革兰氏染色为阴性，不产生芽孢，无荚膜。细菌生长温度为4~37℃，最适温度为26~28℃。

【发病规律】

初侵染源不清楚，推测可能还有其他寄主。病菌多从伤口侵入，果皮破口或果柄采收剪口处都是侵入途径。细菌进入果内后潜育繁殖，分泌果胶酶等溶解籽粒周围的果胶质和果肉，产生酸并发酵，最后造成果实变软腐烂。

【防治方法】

本病原是一种弱寄生菌，主要从伤口侵入。所以，在采收时应尽量避免碰破和划伤，要注意轻摘轻放，减少碰撞。

十七　　狝猴桃根结线虫病

　　该病在我国栽种狝猴桃树的地区都有发生，近年来随着苗木的地方流动，危害面积逐年扩大。

【症状】

　　病原根结线虫在根皮与中柱之间寄生为害，使幼嫩根组织过度生长，形成大小不等的根瘤，多数如绿豆大小，根毛稀少。新生根瘤一般乳白色，后逐渐变为黄褐色乃至黑褐色。以细根

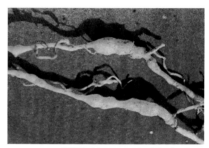

狝猴桃根结线虫病病根

和小支根受害最重，有时主根和较粗大的侧根也可受害。细根受害在根尖上则形成根瘤，小支根受害除产生根瘤外，还引起肿胀、扭曲、短缩等症状，较粗大的侧根和主根受害只产生根瘤，一般不会变形扭曲。受害严重时，可出现次生根瘤，并发生大量小根，使根系交互盘结成团，形成须根团，最后老根瘤腐烂，病根坏死。

　　病株地上部分，在一般发病情况下无明显症状。随着根系受害加重，才出现梢短梢弱、叶片变小、长势衰退等症状。

【病原】

　　狝猴桃根结线虫病的病原为 *Meloidogyne* sp.，属垫刃目异皮科根结线虫亚科根结属。成虫雌雄不同，雌虫为洋梨形；雄虫

线形，无色透明，尾端稍圆。幼虫均为线形。

【发病规律】

根结线虫以卵及雌虫随病根在土壤中越冬。2龄侵染幼虫先于土壤中活动，在侵入猕猴桃嫩根后在根皮和中柱之间寄生为害，并刺激根组织过度生长，使根尖形成不规则的根瘤。幼虫在根瘤内生长发育，经3次蜕皮发育为成虫。雌、雄虫成熟后交尾产卵于卵囊内。

【防治方法】

1.执行检疫　线虫发生区苗木禁止外调，无线虫发生区不从虫区调进苗木。对外来苗木必须进行检疫，确认无线虫发生后方可定植。

2.培育无虫苗木　轻发生区选用以前作为禾本科作物的土地育苗，重发区则选用以前作为水稻的田地育苗。如必须在发生地育苗，首先应反复犁耙翻晒土壤，以减少土壤中根结线虫数量。然后在播种前半个月每亩施入适量的杀线虫药剂，随即耕翻覆土，杀灭土壤中的根结线虫。

3.受害树处理　可根据土壤肥力，适当增施有机肥料并加强肥水管理，雨后及时开沟排水；沙性重的土壤，可改进土壤结构，以减轻为害程度。

十八 猕猴桃缺铁黄叶症

猕猴桃缺铁使叶片黄化（1）　　　　猕猴桃缺铁使叶片黄化（2）

该病各地均有发生，以北方的黄河、渭河流域最为常见。

【症状】

缺铁多发生于幼叶，致幼叶变黄色甚至苍白色。老叶常保持绿色，缺铁较轻时，褪绿常在叶缘发生，而叶基部大部分不褪色。严重时，整叶变黄，仅叶脉绿色，最终叶脉也失绿，叶片脱落，生长严重受阻。

【发病规律】

健康叶中铁含量为80~100毫克/克，当含量低于60毫克/克时即出现缺铁症状。连续降水后易出现缺铁症状，土壤pH值超过7的地方也易缺铁。关中猕猴桃产区渭河两岸的河滩地及低洼地果园缺铁性黄叶病发生普遍。导致猕猴桃缺铁性黄叶病发生的因素，主要有土壤pH值偏高，树体严重超载，灌水过多及其他栽培因素；美味猕猴桃对黄叶病的抵抗力较中华猕猴桃强，海瓦德品种及陕猕1号的抗性优于秦美品种。

该病发生原因不仅仅是土壤有效铁含量低，还与植株吸收能力不同有关。植株过多吸收磷、钾、锌、锰等元素，引起养分不平衡而导致对铁的吸收产生拮抗作用，也是发生该病的原因之一。

【防治方法】

矫正缺铁性黄叶病时，可施硫酸亚铁、硫黄粉、硫酸铝或硫酸铵等来降低土壤酸碱度，提高有效性铁的浓度，达到防治的目的。不同铁制剂对猕猴桃黄叶病的矫治效果也有差异，其中以柠檬酸铁和复合氨基酸铁的处理效果最好，它能显著提高猕猴桃叶片中的叶绿素和有效铁含量以及果实中维生素C、可溶性固形物、全铁的含量，有效地改善果实的品质。

十九　猕猴桃褐心病（缺硼症）

　　该病目前仅在福建有发生报道。据报道，严重时果实发病率可达100%，导致果实畸形、变小，果肉组织变褐坏死，会严重影响产量。

果实变小（左1为健果，其余为缺硼果）

猕猴桃缺硼症状（左1为健果，其余为缺硼果）

【症状】

　　本病为害果实。病果外观无光泽，红褐色。果内部靠近脐部的果心组织变褐坏死，严重的病果组织消解，形成褐色空洞，并有白色霜状物，但无腐烂变味现象。病果多数发育不良，形成小果、畸形果。大果亦有发生。

【病因】

病株叶片及根部土壤营养分析结果表明，其硼素含量严重缺乏，即叶片硼含量为1.4~5.9毫克/千克，土壤为0.21~0.33毫克/千克。

【防治方法】

于花前、盛花期和幼果期分别用0.1%硼砂溶液进行根外追施，可取得显著防治效果。

二十　狝猴桃裂果病

狝猴桃裂果病在南方多雨地区时有发生。

【症状】

大多发生在果实中下部。初发生时，在果脐凹沿出现轻度龟裂，其伤口双裂或3~4裂。继之急速纵向裂展，长度可达果实纵径的1/3~1/2，深度可达内层果肉。在高温干燥天气下，伤口组织会慢慢在树上愈合；在高温多水情况下，伤口部软腐，果实在几天内随之掉落。

狝猴桃裂果

【病因】

本病是一种生理性病害，多因天气忽晴忽雨、忽冷忽热或天旱遇大雨而引起。内在原因是果实吸水后，内压强增大，果皮承受不住而破裂。

【发病条件】

本病发生在8~9月，即果实膨大后期至近成熟期。野生狝猴桃果实细小，皮厚，多生长在不易积水的坡地，所以裂果病极少发生。栽培狝猴桃经过人工选育繁殖，皮薄、果大、肉多、含水量大，遇前述不良气候条件，容易发生裂果。

【防治方法】

1.**防积水** 开深沟及时排水，减轻裂果病发生。

2.**合理灌溉** 灌水对果肉细胞的含水量有一定影响，如果能保持一定的含水量，就可以减轻或避免裂果。滴灌是最理想的灌溉方式，它可为猕猴桃生长发育提供较稳定的土壤水分和空气湿度，减轻裂果。

3.**果实套袋** 套袋即为猕猴桃果实增加了一层保护膜，无论天气如何变化，果实都处于一个相对稳定的环境中，可减轻裂果，同时也可避免病虫为害，提高果实质量。

二十一　狝猴桃叶缘焦枯病

该病是一种生理性病害，在我国南北方地区均有发生。在管理粗放的狝猴桃园常见发生。叶片变黄枯死，产量降低，品质下降。

狝猴桃叶缘焦枯（1）　　　　　　　　狝猴桃叶缘焦枯（2）

【症状】

叶缘焦枯病主要在叶片上表现明显症状，多从叶尖、叶缘开始发生。发病初期，叶尖、叶缘变黄、变褐，病健处不明显，病斑逐渐枯死、焦枯，并逐渐向叶主脉处蔓延。有的植株只有少数枝条上的叶片发病，有的则为全株叶片受害。病叶边缘焦枯。

【发生原因】

叶缘焦枯病是一种生理性病害，该病多从6月初开始发生，

7月底至8月初达发病高峰。高温干旱缺水季节病害发生较重，土壤板结、碱性土壤、水涝土壤有利于病害发生。

【防控技术】

1.**土肥管理**　增施农家肥、绿肥等有机肥及微生物肥料，按比例科学施用中微量元素肥料，改良土壤。

2.**水分管理**　早春及干旱高温季节及时科学灌水，培强树势，提高树体抗逆能力。雨季及时排涝，防止积水。

二十二　狝猴桃粗皮果

狝猴桃粗皮果（1）　　　　　　　　　狝猴桃粗皮果（2）

【症状】

从幼果期开始表现症状，仅为害果皮，致褐色至深褐色，受害表皮组织木栓化，呈疮痂，表皮十分粗糙，影响果实商品性。

【发生原因】

属于生理性病害，药害、风吹或其他外因损害果皮，均可引起该病发生。果园密度大、郁闭、通风透光差、果面附着水分及药液不易蒸发，易引起果锈。幼果期喷药的压力过大或近距离直接冲击果面也会伤害果面，加剧果锈的产生。药剂选择和使用不当，如药剂质量问题、配比不适、浓度过大或局部喷药过量，都会伤害果面。

【预防措施】

幼果期喷药要选准药剂、配比要合理、浓度合适，不伤幼果，不使用高压力大喷雾器械喷击果面。

二十三　狝猴桃畸形果

狝猴桃畸形果（1）

狝猴桃畸形果（2）

在狝猴桃生产中，经常出现畸形果，从而影响果品商品质量，进而影响果农收入。

【症状】

狝猴桃果形不正，出现果面凹陷、扭曲等症状，严重影响其商品性。

【发生原因】

畸形果的发生高峰期主要集中在果实迅速膨大期的前期；畸形果主要是由于授粉受精不完全而引起的；可采用人工授粉方法来减少畸形果的发生。以下情况可造成畸形果。

1.通风透光不良　果园周围树木较多，造成果园荫蔽，通风透光不良，影响了花芽分化，造成花芽发育不良。

2.**授粉不好**　果园不放养蜜蜂，传粉不佳，同时不开展人工授粉，完全依靠自然授粉，导致授粉授精不良，花器发育不好。有的果园建园时多品种混杂在一起，受粉杂乱，花器发育不好。

3.**修剪不合理**　冬剪时对结果母枝选留不合理。夏剪时摘心、疏枝、抹芽不科学，花芽分化与花器发育不良，使幼果不能正常生长发育。

4.**霜冻**　植株受冻害的影响或霜冻，使饱满芽受冻严重，不能正常生长发育；使次饱满芽开始发育，从而花芽生长发育不正常，产生畸形果。

5.**留果太多**　没有疏花疏果，容易形成畸形果。

【**防治方法**】

1.**高标准建园**　猕猴桃适合栽培在排灌便利、土壤相对肥沃的地方，同时对土壤pH值也有一定的要求，一般以pH值为5.7~7比较合适。同时栽培猕猴桃的果园不要栽植其他树木，栽植的猕猴桃品种不能过于繁杂。

2.**科学施肥**　秋季采果之后到冬季来临时施入粪肥、沼肥、堆肥等有机肥，同时一块施入适量的磷肥和少量的氮肥。一般来说，采果后每亩地施入有机肥5 000千克、磷肥10千克和钾肥10.8千克；果实膨大初期施入氮肥4千克、磷肥3.2千克、钾肥3.6千克；采前施入磷肥3.2千克、钾肥3.6千克。

3.**修剪合理**　冬季修剪所留的结果母枝多选用长度为30~100毫米的枝条，之后采取长放、疏枝的措施，每平方米架面留结果母枝34条，每枝剪留健壮芽25~30个，使果园内通风透光良好。

4.**花果管理**　首先要保证植株授粉正常，这个时候就要配合果园放蜂或采取一些人工授粉的方法，保证花粉发育正常。方法是在雄花含苞待放时，摘取其雄蕊，于25℃恒温干燥条件下放置24小时，然后收集花粉。雄花开放后，上午9:00~11:00或下午3:00~5:00进行点花、喷花，开一批雌花授1次粉，直到雌花开完。

　　5.疏花蕾、幼果　　及时疏花蕾、疏幼果，是保障猕猴桃优质高产的一个重要方法。

二十四 猕猴桃连体果

猕猴桃连体果

猕猴桃连体果只有一个果柄

猕猴桃连体果在生产中时常可见，对猕猴桃的品质影响明显。

【症状】

猕猴桃连体果主要表现为单柄连体双果，即在1个小花柄上具有两个雌蕊产生的果实。有时畸形果的花雌蕊柱头出现双柱头或多柱头。

【发生原因】

连体果形成的原因尚无定论，可能是花芽形成期，花芽在分化时遇到高温形成的。正常的花只有1枚雌蕊，而连体果为1朵花有2枚雌蕊而形成的形态异常果。

【防治方法】

1.**选择合适的品种**　选择畸形少、适合当地种植的猕猴桃品种。

2.**合理使用有机肥**　多施有机肥，疏松土壤，改善土壤透气性能，保水保湿保肥，保护根系不受损失。

3.**农业防治**　在幼果脱萼后，结合疏果，及时摘除连体果。

第二部分 猕猴桃害虫

一 猩红小绿叶蝉

　　猩红小绿叶蝉*Empoasca rufa* Melich.，属同翅目叶蝉科小绿叶蝉属。近年，在贵州及湖南的一些猕猴桃园，本虫为害严重，成为优势虫种，已引起了人们的重视。

【分布与寄主】

　　本虫分布于南方稻产区，主要为害水稻，近年来对猕猴桃的为害严重。

【为害状】

　　本虫主要将口针刺入猕猴桃叶肉组织，吸食营养液，进而影响叶片的正常生长及光合作用。虫口密度大时，植株叶片褪绿发黄，叶面出现密密麻麻的苍白斑点，严重时叶枯，早衰早落。

猩红小绿叶蝉成虫与若虫　　　　　　　猩红小绿叶蝉为害猕猴桃致叶片失绿

【形态特征】

成虫含翅体长3.5~3.6毫米，体猩红色至红色。头部前突，端角圆，头冠长度稍大于两复眼间距；头表面隆起，有时具1条浅色横带，横带中间间断，以复眼内缘最宽并渐向中央狭窄；颜面色泽较淡，触角呈浅红色，复眼黑色。前胸背板长度为冠长的1.5倍。小盾片浅红色，横刻痕平直，细而短。前翅半透明，翅端1/3透明，翅两侧平行，末端钝圆；后翅透明，具有红色翅脉。胸、腹部腹面及足呈淡红色至橙红色，胸足胫节和跗节深黄色，爪暗黑色。

【发生规律】

在湖北武昌地区1年发生4代，以成虫在茶树、蚕豆、杂草上越冬。4月中下旬平均气温达12.4℃以上时，越冬成虫开始在猕猴桃新叶上产卵。6月中旬至8月下旬，2~3代发生盛期为全年为害高峰期。该虫喜在嫩枝叶上为害，群栖于叶背，卵多产在叶背主脉两侧的叶肉内，呈条状排列。

【防治方法】

6~8月是叶蝉为害盛期，可用下述农药均匀喷洒叶背和叶面，防治成虫：20%叶蝉散和15%扑虱灵可湿性粉剂800倍液，10%吡虫啉可溶性粉剂3 000倍液，45%马拉硫磷乳油1 000倍液，80%敌敌畏乳油1 000倍液，杀虫效果良好。

二　梨小食心虫

　　梨小食心虫*Grapholitha molesta* Busck，为猕猴桃蛀果虫，属鳞翅目卷叶蛾科。它是蛀害猕猴桃果实为数不多的害虫种类之一。

【分布与寄主】

　　国内外分布较广。除为害猕猴桃外，还蛀食梨、桃、苹果、李、梅、杏、枇杷等树的果实和其中一些树的嫩梢。在猕猴桃园中，目前只发现蛀害果实。

梨小食心虫为害的果实

【为害状】

　　本虫蛀入部位大多数在果腰，蛀孔处凹陷，四周稍隆起，孔口黑褐色。初有胶状物流出挂在孔外。此物干落后，有虫粪排出。幼虫蛀道一般不达果心，在近果柱处折转，虫坑由外向内渐变黑，被害果不到成熟期便先后脱落。贵州省都匀普林果场，猕猴桃被害果率高达20%~30%，损失较严重。

【形态特征】

　　1.成虫　体长5~7毫米，翅展11~14毫米，暗褐色或灰黑色。下唇须灰褐色，上翘。触角丝状。前翅灰黑色，前缘有10组白色短斜纹，中央近外缘1/3处有一明显白点，翅面散生灰白色鳞片，

梨小食心虫幼虫

梨小食心虫成虫侧面

后缘有一些条纹，近外缘约有10个小黑斑。后翅浅茶褐色，两翅合拢，外缘合成钝角。足灰褐色，各足跗节末灰白色。腹部灰褐色。

2.**卵** 淡黄白色，近乎白色，半透明，扁椭圆形，中央隆起，周缘扁平。

3.**幼虫** 末龄幼虫体长10~13毫米。全体非骨化部分淡黄白色或粉红色。头部黄褐色。前胸背板浅黄色或黄褐色。臀板浅黄褐色或粉红色，上有深褐色斑点。腹部末端具有臀栉，臀栉具4~7枚刺。

4.**蛹** 体长6~7毫米，纺锤形，黄褐色，腹部3~7节背面前后缘各有1行小刺，9~10节各具稍大的刺1排，腹部末端有8根钩刺。茧白色、丝质，扁平椭圆形，长10毫米左右。

【发生规律】

此虫在我国北方1年发生3~4代，南方5~7代，各代为害的寄主和蛀害部位有较大差别。在贵州，越冬代成虫4月上中旬开始羽化，卵产于桃梢叶背上。第1代幼虫孵化后从近梢尖的叶腋处蛀入，向下潜食，在蛀孔外排出流状胶和粪便。6月成虫羽化后，部分迁入猕猴桃园，将卵散产在果蒂附近，第2代幼虫孵化后，向下爬至果腰处咬食果皮，后蛀入果肉层中取食，老熟后爬出孔外，在果柄基部、藤或翘皮处及枯卷叶间作白茧化蛹。7月中下旬至8月初，第3代幼虫还可为害猕猴桃果实，但虫量远没有第2代多。第4代为害其他寄主，以第5代老熟幼虫越冬。

【防治方法】

1.科学建园 猕猴桃与桃、梨等果树混栽或相互邻近的果园果实被害严重，在建园时要充分考虑这一布局，防止因此而带来的主要害虫交叉为害。

2.药剂防治 重点防治第1代幼虫为害，兼防第2代。在成虫产卵及幼虫孵化期，可参考梨小食心虫药剂防治，共喷2次，隔10天喷1次，效果很好。

三　猕猴桃准透翅蛾

　　猕猴桃准透翅蛾*Paranthrene actinidiae* Yang et Wang，为杨集昆和王音先生1989年共同定名的一个新种，属鳞翅目透翅蛾科准透翅蛾属。

【分布与寄主】

　　本蛾分布于福建和贵州，为害猕猴桃。

【为害状】

　　本蛾以幼虫蛀食猕猴桃当年生嫩梢、侧枝和主干，将髓部蛀食中空，粪屑排出挂在隧道孔外。植株受害后，引起枯梢或断枝，导致树势衰退，产量降低，品质变劣。贵州省都匀和丹寨等市县的一些猕猴桃园，刚投产的植株夏季即处处见枯梢，枝干上也随时可找到幼虫排出在洞口的褐色木屑。大风后被蛀侧枝常折断。

猕猴桃准透翅蛾为害嫩梢

【形态特征】

　　1.成虫　体长21~25毫米，翅展42~45毫米，属大型黑褐色种。前翅大部分被黄褐鳞片，不透明，只中室基部和M3与Cu1脉间基部及中室后缘下方透明，后翅透明略带淡烟黄色，A1脉金黄色，其余脉及中室端部黄褐色。腹部黑色具光泽，第1、第2、第

6节后缘具黄色带，第5、第7节两侧具黄色毛簇，第6节为红黄色毛簇，腹端具红棕色杂少量黑色毛丛，腹部腹面第3节后缘具1条黄带，第5、第6节中部和后缘均黄色，第4节后缘中部黄色。

2.卵　椭圆形，略扁平，紫褐色，长约1.1毫米。

3.幼虫　共5龄。老熟幼虫体长38毫米左右，全体略呈圆筒形。头部红褐色，胸腹部黄白色，老熟时带紫红色。前胸背板有倒"八"字形纹，前部色淡。

【发生规律】

1年发生1代，以成长幼虫和老龄幼虫在寄主茎内越冬。贵州黔南地区3月底至4月初老熟幼虫开始化蛹，4月下旬至5月中旬为化蛹盛期，蛹期为30~35天。成虫5月上旬始见，5月中下旬至6月上旬为产卵期，卵历期约10天，幼虫孵化盛期在6月中下旬。由于成长幼虫也可以越冬，所以到11月初还可检查到由其化蛹、羽化、产卵孵出的低龄幼虫。卵散产在夏梢嫩茎、叶腋或叶柄处，幼虫孵化后就地蛀入，向下潜食，将髓部食空。中大龄幼虫不适应嫩茎多汁环境，转移到老枝干上蛀害，将粪便和木屑排出挂在孔口外。幼虫一般转害1~2次，11月下旬进入越冬。冬后，幼虫在隧道近端部将隧道壁咬一个羽化孔，然后吐丝封闭，于其中做室化蛹，成虫羽化后破丝蜕孔而出。通常情况下，木蠹蛾为害较重的园地，狝猴桃准透翅蛾趋害也重，与幼虫为害状易混淆。

【防治方法】

1.农业防治　夏季发现嫩梢被害时，及时剪除，杀灭低龄幼虫，减少其后期迁移对老枝干的危害。

2.药剂防治　根据枝干外堆积粪屑等特征，寻找蛀入孔，用兽医注射器将80%敌敌畏乳剂原液注射少许于虫道中，再用胶布或机用黄油封闭孔口，熏杀大龄幼虫。叶蝉类害虫盛害期，正是本虫卵孵期，可进行兼治。在喷雾叶片的同时，应将嫩茎喷湿透。

四　金毛虫

金毛虫*Prothesia similes xanthocampa* Dyar与黄尾毒蛾是两个生态亚种，属鳞翅目毒蛾科。

【分布与寄主】

本虫国内分布较普遍。可为害苹果、梨、桃、杏、猕猴桃、柿、桑等果树及杨、柳、榆等林木。

【为害状】

幼虫喜食嫩叶，被食叶呈缺刻状或仅剩叶脉。

【形态特征】

1.**成虫**　体长13~15毫米，体、翅均为白色，腹末有金黄色毛。卵球形，灰黄色。

金毛虫幼虫为害猕猴桃叶片

2.**幼虫**　老熟时体长25~35毫米。底色橙黄，体背各节有2对黑色毛瘤，腹部第1、第2节中间2个毛瘤合并成横带状毛块。

3.**蛹**　褐色，茧灰白色，附有幼虫体毛。

【发生规律】

本虫1年发生2~3代。以低龄幼虫在枝干裂缝和枯叶内作茧越冬。翌年春季，越冬幼虫出蛰为害嫩芽及嫩叶，5月下旬至6月中旬出现成虫。雌蛾将数十粒卵聚产在枝干上，外覆一层黄色茸毛。刚孵化的幼虫群集啃食叶肉，长大后即分散为害叶片。第2代成虫出现在7月下旬至8月下旬，经交尾产卵，孵化的幼虫取食不久即潜入树皮裂缝或枯叶内结茧越冬。

【防治方法】

冬季刮树皮，防治越冬幼虫；幼虫为害期，人工捕杀，发生数量多时可喷药防治，常用药为灭幼脲、绿色氟氯氰菊酯等。

五　斜纹夜蛾

斜纹夜蛾*Prodenia litura*（Fabricius）又称莲纹夜蛾，俗称夜盗虫、乌头虫，属鳞翅目夜蛾科。

【分布与寄主】

斜纹夜蛾是杂食性和暴食性害虫，为害的寄主相当广泛，除为害猕猴桃外，还可为害包括瓜、茄、豆、葱、韭菜、菠菜及粮食、经济作物等近100科300多种植物。世界性分布，国内各地都有发生，主要发生在长江和黄河流域。

【为害状】

以幼虫咬食叶片、花蕾、花及果实，初龄幼虫啮食叶片下表皮及叶肉，仅留上表皮，呈透明斑；4龄以后进行暴食，咬食叶片，仅留主脉。

斜纹夜蛾幼虫近观

【形态特征】

1.成虫　体长14~20毫米，翅展35~46毫米，体暗褐色，胸部背面有白色丛毛，前翅灰褐色，花纹多，内横线和外横线白色、呈波浪状、中间有明显的白色斜阔带纹，因此得名。

2.卵　扁平的半球状，初产黄白色，后变为暗灰色，块状黏合在一起，上覆黄褐色茸毛。

3.幼虫　老熟幼虫体长35~47毫米，头部黑褐色，胴部体色因寄主和虫口密度不同而异：土黄色、青黄色、灰褐色或暗绿色，背线、亚背线及气门下线均为灰黄色及橙黄色。从中胸至第9腹节在亚背线内侧有三角形黑斑1对，其中以第1、第7、第8腹节的最大，胸足近黑色，腹足暗褐色。

4.蛹　长15~20毫米，赭红色，腹部背面第4~7节近前缘处各有小刻点。臀棘短，有1对强大而弯曲的刺，刺的基部分开。

【发生规律】

该虫1年发生4代（华北）至9代（广东），一般以老熟幼虫或蛹在田边杂草中越冬，广州地区无真正越冬现象。在长江流域以北的地区，该虫冬季易被冻死，越冬问题尚无定论，推测当地虫源可能是从南方迁飞过去的。长江流域多在7~8月大发生，黄河流域则多在8~9月大发生。

斜纹夜蛾是一种喜温暖又耐高温的间歇猖獗为害的害虫。各虫态的发育适宜温度为28~30℃，但在高温下（33~40℃）生活也基本正常。抗寒力很弱。在冬季0℃左右的长时间低温下，基本不能生存。斜纹夜蛾在长江流域为害盛发期为7~9月，这也是全年中温度最高的季节。

【防治方法】

1.农业防治　清除杂草，收获后翻耕晒土或灌水，以破坏或恶化其化蛹场所，有助于减少虫源。结合管理随手摘除卵块和群集为害的初孵幼虫，以减少虫害。

2.诱杀防治

（1）点灯诱蛾。利用成虫趋光性，于盛发期用黑光灯诱杀。

（2）糖醋诱杀。利用成虫趋化性，配糖醋液（糖：醋：酒：水＝3：4：1：2）加少量敌百虫诱蛾。

（3）药剂防治。挑治或全面防治，交替喷施50%氰戊菊酯乳油4 000~6 000倍液，或2.5%氟氯氰菊酯1 000倍液，或10.5%甲维·氟铃脲水分散粒剂1 000~1 500倍液，或20%虫酰肼悬浮剂2 000倍液，均匀喷施。

六 云贵希蝗

云贵希蝗*Shirakiacris yunkweiensis*（Chang）又名云贵素木蝗，属直翅目斑腿蝗科希蝗属。

【分布与寄主】

本虫分布于贵州、云南、湖南、四川和广西等省（区），除啃食猕猴桃外，还取食多种禾本科植物，有时也为害番茄和柑橘类果实。

【为害状】

啃食猕猴桃果实成缺口，先将果皮咬食，再食果肉，形成宽5~10毫米、深5~8毫米的洞穴。橘小实蝇、条纹簇实蝇、夜蛾等跟随吸食，将腐生细菌带入，被害果逐渐腐烂脱落。若果实被咬食的伤口较小，10余天后被咬处形成愈伤凹斑，果实品质不受影响。

云贵希蝗成虫

【形态特征】

体中型，雌虫体长23~25毫米，雄虫长18~21毫米。体黑褐色或褐色，自头顶到前胸背板具黑色或褐色纵纹。前翅发达，超过后腿节端顶较远，翅面具许多黑褐色圆形斑点，翅狭长，顶圆。后翅稍短于前翅，透明。后足腿节上隆线具黑色细齿，外侧具黑褐色斑纹，胫节无外端刺，红色，基部外具黑色斑点。

【发生规律】

在猕猴桃园中，此虫只在果实采收前的一段时间里迁入为害。成虫将果实咬成一定缺洞后，又转移到另一果上啃食。其他如产卵等习性，与一般蝗虫相同，无特殊之处。

【防治方法】

虫口密度都不大，未见严重受害的果园，可以不予单独防治。

七 棉弧丽金龟

棉弧丽金龟*Popillia mutans* Newm.又名无斑弧丽金龟、豆蓝丽金龟、棉蓝丽金龟、棉黑绿金龟子等，属鞘翅目丽金龟科弧丽金龟属。

【分布与寄主】

我国南北方都有分布。除为害猕猴桃外，还为害葡萄、棉花、柿、玉米、豆类、高粱和三叶草花序。

【为害状】

主要取食猕猴桃花瓣、花丝和雌蕊，严重时将一朵花啃去一半乃至全部吃光。

【形态特征】

成虫体长10~14毫米，宽6~8毫米。体色有墨绿型、蓝黑型和蓝色型，具强金属光泽。唇基近半圆形，上颚具齿2枚，下颚具齿6枚。鞘翅平坦而短，基部最宽，向后渐狭，可见腹部背面两侧露出前臀板后部和臀板全部，翅背面

棉弧丽金龟成虫

有6条粗刻点沟，第2条刻点沟不达端部，基部刻点乱，沟间部较宽且稍隆起。

【发生规律】

在猕猴桃园中，每年仅于开花期以成虫对花造成为害。虫口密度大时，大量花被咬食，严重影响产量。成虫有假死性，阴天全天可取食，晴天以傍晚最活跃。

【防治方法】

花期，注意捕捉成虫。

八　柑橘灰象甲

　　柑橘灰象甲*Sympiezomia citre* Chao在贵州常见为害猕猴桃嫩茎，属鞘翅目象甲科短喙象亚科灰象属。

【分布与寄主】

　　本甲广布于我国南方各省（区）柑橘种植区。除为害猕猴桃、柑橘类果树，寄主还有桃、枣、龙眼、桑、棉、茶、茉莉等植物。

【为害状】

　　本甲以成虫为害猕猴桃春梢和夏梢茎尖及嫩叶，不为害果实。将嫩茎与叶啃咬成残缺不全的凹陷缺刻或孔洞，影响藤蔓生长发育。

【形态特征】

　　成虫体长8.5~12.3毫米，宽3.2~3.8毫米，雌虫较雄虫体型大。体被灰白色间浅褐色鳞片。头管粗短且宽扁，背面漆黑色，中央具1条纵凹沟，此沟从喙端直伸头顶，其两侧各有1条浅纵沟，伸至复眼前面。触角膝状，端部膨大

柑橘灰象甲为害猕猴桃嫩梢

如鼓槌，触角位于喙两侧并向下弯，柄节特长但不超过复眼。

前胸背板中央纵贯1条宽大的黑色纵带斑，斑中央具1条纵沟。鞘翅各具10条刻点纵沟，沟间部生倒伏的鳞毛，翅面中部排列1~2条白色斑纹，翅基部白色。雌虫鞘翅端部较长，翅端缝合闭成"八"字形，腹末节腹板近三角形。

【发生规律】

3月下旬至4月上旬，猕猴桃春梢抽发期受害较重，虫量也较其他时期为多。夏梢期少见为害，秋梢期却难捕捉到成虫。此虫除阶段性迁入取食外，不在园中产卵，故猕猴桃园里找不到该虫的其他虫态。成虫具假死性，触动即落地逃逸。距柑橘园近或混栽的猕猴桃园，柑橘灰象甲的虫量要比独立园的虫量大。

【防治方法】

清晨捕捉成虫；也可与叶蝉类害虫一并防治。虫量少时可不予化学防治。

九　黑额光叶甲

黑额光叶甲*Smaragdina nigrifrons*（Hope），又名双宽黑带叶甲，是猕猴桃食叶害虫之一，属鞘翅目肖叶甲科光叶甲属。

【分布与寄主】

本虫多见于南方各省（区），寄主除猕猴桃外还有野花椒、蔷薇、蓼、云实、冰片和蒿属等多种植物。

【为害状】

取食叶片，将叶咬成一个个的孔洞或缺刻。一般是停留在叶正面取食，先啃去部分叶肉，然后再将其余部分吃掉，很少将叶全食光。虫口多时，无论嫩叶或成熟叶片大都留下数个或数十个孔洞。

【形态特征】

成虫体长5.6~7.2毫米，宽3.2~4.1毫米，长椭圆形。头黑色，

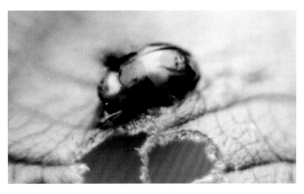

黑额光叶甲成虫

下口式，唇基与额无明显分界。触角短细，基部4节黄褐色，其余各节黑褐色至黑色，第5节以后的各节呈锯齿状。前胸背板鲜标本杏黄色，死虫红褐色，光亮，隆突而无刻点，后角圆形并向后突出。小盾片光滑，呈等边三角形。鞘翅与前胸背板同色，具变化较大的黑色斑纹。一般在鞘翅基部和中部稍后有2条黑色宽横带，有的个体基部的黑带变成2个黑斑，也有的仅肩瘤处有1个黑斑，翅基部与前胸背板等宽，并嵌合紧密，鞘翅具不规则的细小刻点，翅端合缝及边缘为黑色，雌体黑色部分较雄体为宽。足基节和转节黄褐色，其余部位黑色。腹部大部分为黑色，雌虫腹末中央有1个凹窝，雄虫无。

【发生规律】

黑额光叶甲只以成虫迁入猕猴桃园为害叶片，不在园中产卵繁殖，所以找不到其他虫态。成虫有假死性，喜在阴天或晴天早晚取食，雨天或阳光强烈的中午很少见其为害，此时大都躲藏于叶背面。

【防治方法】

虫量少时，可免予防治或与其他害虫兼防。

十　桑白蚧

桑白蚧*Pseudaulacaspis pentagona*，属同翅目盾蚧科。该害虫是为害狄猴桃等多种果树的一种主要害虫，为害狄猴桃果实，会影响其商品价值。

【为害状】

桑白蚧在狄猴桃产区均有分布和为害，并逐年呈上升发生趋势。桑白蚧以若虫及雌成虫群集固着在枝干上和果实上吸食养分，严重时枝蔓上似挂了一层棉絮；被害枝蔓往往凹凸不平，发育不良，严重影响了狄猴桃树的正常生长发育和花芽形成，削弱了狄猴桃树势。由于虫体小，有的群众误以为是发生了病害。受害果实商品外观下降。

单个桑白蚧为害果实状　　　　　　　狄猴桃桑白蚧介壳

桑白蚧分布在猕猴桃果实表面

桑白蚧介壳内的黄色虫体

桑白蚧为害猕猴桃果实

桑白蚧群集为害猕猴桃果实

桑白蚧为害枝干（1）

桑白蚧为害枝干（2）

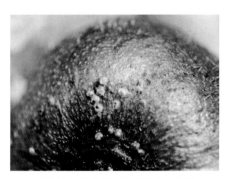

桑白蚧在猕猴桃果梗附近为害状

【形态特征】

1.**雌虫**　介壳灰白色，长2~2.5毫米，近圆形，背面隆起，有明显螺旋纹，壳点黄褐色，偏生壳的一方。介壳下的雌虫体橙黄色，体长约1.3毫米。宽卵圆形，无足，虫体柔软，腹部分节明显，有3对臀角，触角退化成小瘤状，上有1根粗大的刚毛。

2.**雄虫**　介壳灰白色，长约1毫米，两侧平行，呈条状，背面有3条突出隆背，壳点橙黄色，位于壳的前端。从雄虫壳下羽化出的雄成虫具卵圆形灰白色翅1对，体橙色或橘红色，体长0.65~0.7毫米。腹部末端有1枚针状刺。

【发生规律】

本虫在陕西关中地区一年发生2代。3月下旬越冬成虫开始取食。4月中旬开始于壳下产卵。第1代若虫5月下旬进入孵化盛期，孵化期较整齐。7月下旬为第2代若虫孵化盛期，10月上旬雌雄交尾，10月下旬以受精雌成虫寄生枝干进入越冬状态。在安徽省岳西县一般1年发生3代，以受精雌虫越冬。若虫孵化期第1代为5月中旬、第2代7月中下旬、第3代9月上旬。越冬雌成虫以口针插在树皮下，固定一处不动，早春树液流动后开始吸食汁液，虫体迅速膨大，介壳逐渐隆起。在四川1年发生3代，以受精雌成虫越冬，每个雌虫平均产100个卵。第1代4月中旬至6月下旬，第2代7月上旬至8月下旬，第3代9月上旬至翌年4月上旬。在自然条件下桑白蚧的卵发育起点温度为11.4℃，日有效积温为89.8℃。经过一年3个世代其种群可增长20.78倍。一龄若虫盛期分别为4月下旬、7月上旬、9月上旬，此时若虫无介壳保护，是防治的最佳时期。

雄成虫寿命极短，仅1天左右，羽化后便寻找雌虫交尾，午间活动，交尾4~5分钟，不久即死亡。雌虫平时介壳与树体接触紧密，产卵期较为松弛（防治最有效时期），若虫孵化后在母壳下停留数小时而后逐渐爬出分散活动1天左右，多于2~5年生枝蔓上固定取食，以枝蔓分叉处和阴面密度较大。经5~7天开始分泌出绵毛状白色蜡粉覆盖于体上，后逐渐加厚，不久便蜕皮，蜕皮时自腹面裂开，虫体微向后移，继续分泌蜡质造成介壳。雄若虫期2龄，蜕第2次皮羽化为成虫。

受害严重的植株，春秋发芽迟缓，越冬雌虫发育也较缓慢。个体发生期不整齐，给药剂防治带来一定的困难，对此可以考虑分批防治的办法。

【防治方法】

若虫分散转移期以化学防治为主，结合其他措施进行综合防治。

1.**严格检疫**　防止苗木、接穗带虫传播蔓延。

2.**农业防治**

（1）用硬毛刷或细钢丝刷轻轻刷掉枝蔓上的介壳虫体。

（2）剪除病虫枝，改善通风透光条件。夏剪时剪除顶端开始弯曲的或已经相互缠绕的新梢，过度郁闭的应及时打开光路，疏除未结果且翌年不能使用的发育枝、细弱枝和虫害严重的病虫枝等，将虫枝带出园区处理，通过减小虫口基数和提高透光率来抑制桑白蚧的滋生繁殖。

（3）发生严重的果园通过深翻改土、增施农家有机肥、果园种植绿肥、配方施肥、叶面喷肥等措施加强果园田间管理，促进果树枝条健壮生长，恢复和增强树势。

3.生物防治　注意保护及利用天敌。桑白蚧的主要天敌是红点唇瓢虫及日本方头甲。果树生长季节5~6月是天敌发生盛期，在用药上要注意使用选择性药剂，尽量在天敌盛发期不喷或少喷广谱性杀虫剂。

4.化学防治　休眠期防治：春季萌芽前喷5%柴油乳剂，或95%机油乳剂50倍液，或5波美度石硫合剂，或48%毒死蜱乳油1 000倍液。

若虫分散转移期（5月下旬、7月中旬）用优乐得25%噻嗪酮可湿性粉剂1 500倍液等喷药防治。喷药时重点对准蚧壳虫重叠为害严重的枝蔓分叉处及背阴面淋洗。杀虫剂应交替施用，每个孵化盛期（若虫分散转移期）是药剂防治的关键时期。连喷2~3次药，可有效防止桑白蚧的发生蔓延。

十一 绿盲蝽

绿盲蝽*Apolygus lucorum*（Meyer Dur.），别名花叶虫、小臭虫等，属半翅目盲蝽科。

【分布与寄主】

本虫分布几遍全国各地。为杂食性害虫，寄主有棉花、桑、枣、猕猴桃、葡萄、桃、麻类、豆类、玉米、马铃薯、瓜类、苜蓿、花卉、蒿类、十字花科蔬菜等。

【为害状】

以成虫和若虫通过刺吸式口器吮吸幼嫩叶片汁液。被害幼叶最初出现细小黑褐色坏死斑点，叶长大后形成无数孔洞，叶缘开裂，严重时叶片扭曲皱缩，芽叶伸展后，叶面呈现不规则的孔洞，叶缘残缺破烂。

绿盲蝽成虫

绿盲蝽高龄若虫为害叶芽

绿盲蝽若虫在叶背为害状　　　　　　　绿盲蝽在叶片为害状

【形态特征】

1.**成虫**　体长5毫米，宽2.2毫米，绿色，密被短毛。头部三角形，黄绿色，复眼黑色突出，无单眼，触角4节丝状，较短，约为体长2/3，第2节长等于第3、第4节之和，向端部颜色渐深，第1节黄绿色，第4节黑褐色。前翅膜片半透明，暗灰色，其余绿色。

2.**卵**　长1毫米，黄绿色，长口袋形，卵盖奶黄色，中央凹陷，两端突起，边缘无附属物。

3.**若虫**　5龄，与成虫相似。初孵时绿色，复眼桃红色。2龄黄褐色，3龄出现翅芽，4龄翅芽超过第1腹节，2龄、3龄、4龄触角端和足端黑褐色，5龄后全体鲜绿色，密被黑细毛；触角淡黄色，端部色渐深；眼灰色。

【发生规律】

北方每年发生3~5代，运城4代，陕西泾阳、河南安阳5代，江西6~7代，在长江流域1年发生5代，华南地区7~8代，以卵在狝猴桃、桃、石榴、葡萄、棉花枯断枝茎髓内及剪口髓部越冬。翌年4月上旬，越冬卵开始孵化，4月中下旬为孵化盛期。若虫为5龄，起初在蚕豆、胡萝卜及杂草上为害，5月开始为害葡萄。绿盲蝽有趋嫩为害习性，喜在潮湿条件下发生。5月上旬出现成虫，9月下旬开始产卵越冬。

绿盲蝽生活隐蔽，爬行敏捷，成虫善于飞翔。晴天白天多隐匿于草丛内，早晨、夜晚和阴雨天爬至芽叶上活动为害，频繁刺吸芽内的汁液，1头若虫一生可刺1 000多次。

【防治方法】

1.农业防治　清洁果园，结合果园管理，入春前清除杂草。果树修剪后，应清理剪下的枝梢。多雨季节注意开沟排水、中耕除草，降低园内湿度。搞好管理（抹芽、副梢处理、绑蔓），改善架面通风透光条件。对幼树及偏旺树，避免冬剪过重；多施磷钾肥料，控制用氮量，防止徒长。

2.农药防治　在第1代低龄期若虫，适时喷洒农药，喷药防治时，结合虫情测报，在若虫3龄以前用药效果最好，7~10天喷1次，每代需喷药1~2次。生长期有效药剂有10%吡虫啉悬浮剂2 000倍液，3%啶虫脒乳油2 000倍液，1.8%阿维菌素乳油3 000倍液，48%毒死蜱乳油或可湿性粉剂1 500倍液，25%氯氰·毒死蜱乳油1 000倍液，4.5%高效氯氰菊酯乳油或水乳剂2 000倍液，2.5%高效氟氯氰菊酯乳油2 000倍液，20%甲氰菊酯乳油2 000倍液等。

十二 茶翅蝽

茶翅蝽 *Halyomorpha halys*（stål），又名臭木椿象、茶翅椿象，俗称臭大姐等，属于半翅目蝽科。

【分布与寄主】

分布较广，东北、华北地区，以及山东、河南、陕西、江苏、浙江、安徽、湖北、湖南、江西、福建、广东、四川、云南、贵州、台湾等省均有发生，仅局部地区为害较重。食性较杂，可为害梨、苹果、海棠、桃、李、杏、樱桃、山楂、无花果、石榴、柿、梅、柑橘、桑等果树和榆、丁香、大豆等树木和作物。

茶翅蝽为害叶片穿孔

茶翅蝽在叶片为害状

【为害状】

成虫、若虫吸食叶片、嫩梢和果实的汁液，正在生长的果实被害后，成为凹凸不平的畸形果，被刺处流胶，果肉下陷成僵斑硬化。幼果受害严重时常脱落，对产量与品质影响很大。

茶翅蝽成虫

【形态特征】

1.成虫 体长15毫米左右，宽8~9毫米，扁椭圆形，灰褐色略带紫红色。触角丝状，5节，褐色，第2节比第3节短，第4节两端黄色，第5节基部黄色。复眼球形、黑色。前胸背板、小盾片和前翅革质部布有黑褐色刻点，前胸背板前缘有4个黄褐色小点横列。小盾片基部有5个小黄点横列，腹部两侧各节间均有1个黑斑。

2.卵 常20~30粒并排在一起，卵粒短圆筒状，形似茶杯，灰白色，近孵化时呈黑褐色。

3.若虫 与成虫相似，无翅，前胸背板两侧有刺突，腹部各节背面中部有黑斑，黑斑中央两侧各有1个黄褐色小点，各腹节两侧间处均有1个黑斑。

【发生规律】

1年发生1代，以成虫在空房、屋角、檐下、草堆、树洞、石缝等处越冬。翌年出蛰活动时间因地而异，北方果产区一般从5月上旬开始陆续出蛰活动，飞到果树、林木及作物上为害，6月产卵，多产于叶背。7月上旬开始陆续孵化，初孵若虫喜群集卵块附近为害，而后逐渐分散，8月中旬开始陆续老熟羽化为成虫，成虫为害至9月，之后寻找适当场所越冬。

【防治方法】

此虫寄主多，越冬场所分散，给防治带来一定的困难，目前应以药剂为主结合其他措施进行防治。

1.**人工防治**　在成虫越冬期进行捕捉，为害严重区可采用果实套袋方法防止果实受害。

2.**药剂防治**　以若虫期进行药剂防治效果较好，于若虫未分散之前喷施10%吡虫啉乳油3 000~4 000倍液，或50%辛硫磷乳油1 000倍液，或2.5%溴氰菊酯乳油3 000倍液，或2.5%高效氟氯氰菊酯水乳剂3 000倍液。越冬成虫较多的空房间可用敌敌畏密闭熏杀。

十三 斑衣蜡蝉

斑衣蜡蝉*Lycorma delicatula*（White），又名花娘子、红娘子、花媳妇、椿皮蜡蝉、斑衣、樗鸡等，属半翅目蜡蝉科。

【分布与寄主】

斑衣蜡蝉在河北、北京、河南、山西、陕西、山东、江苏、浙江、安徽、湖北、广东、云南、四川等省（市）有分布；此虫为害猕猴桃、核桃、葡萄、苹果、杏、桃、李等多种果树和海棠、樱花、刺槐等及香椿等经济林木。

【为害状】

成虫和若虫常群栖于树干或树叶上，以叶柄处最多。吸食果树的汁液，嫩叶受害后常造成穿孔，受害严重的叶片常破裂，也容易引起落花落果。成虫和若虫吸食树木汁液后，对其糖分不能完全利用，从肛门排出，此排泄物往往招致霉菌繁殖，引起霉污病发生。

斑衣蜡蝉在枝干为害状

斑衣蜡蝉若虫　　　　　　　　　　　　斑衣蜡蝉卵块

【形态特征】

1.成虫　体长15~20毫米，翅展38~55毫米。雄虫略小。前翅长卵形，革质，前2/3为粉红色或淡褐色，后1/3为灰褐色或黑褐色，翅脉白色、呈网状，翅面均杂有大小不等的20余个黑点。后翅略呈不等边三角形，近基部1/2处为红色，有黑褐色斑点6~10个，翅的中部有倒三角形半透明的白色区，端部黑色。

2.卵　圆柱形，长2.5~3毫米，卵粒平行排列成行，数行成块，每块有卵40~50粒不等，上面覆有灰色土状分泌物，卵块的外形像一块土饼，并黏附在附着物上。

3.若虫　扁平，初龄若虫黑色，体上有许多的小白斑，头尖，足长。4龄若虫体背呈红色，两侧出现翅芽，停立如鸡。末龄若虫红色，其上有黑斑。

【发生规律】

斑衣蜡蝉1年发生1代，以卵越冬。在山东5月下旬开始孵化，在陕西武功4月中旬开始孵化，在南方地区其孵化期将提前到3月底或4月初。若虫常群集在寄主植物的幼茎嫩叶背面，以口针刺入寄主植物叶脉内或嫩茎中吸取汁液，受惊吓后立即跳跃逃避，迁移距离为1~2米。蜕皮4次后，于6月中旬羽化为成虫，为害也随之加剧。到8月中旬开始交尾产卵，交尾多在夜间，卵产于树干向南处，或树枝分叉阴面，或猕猴桃蔓的腹面，卵呈块状，排列整齐，卵外附有粉状蜡质。

【防治方法】

1.人工防治　冬季进行合理修剪，把越冬卵块压碎，以除卵为主，从而减少虫源。

2.药剂防治　在若虫和成虫大发生的夏、秋季，喷洒50%敌敌畏乳剂1 000倍液，或5%高效氯氰菊酯乳油2 500倍液，或50%马拉硫磷乳剂1 500倍液，均有较好的防治效果。